AF614585

ÉBAUCHE

DES Principes sûrs pour estimer exactement le revenu net au Propriétaire des Biens-fonds, & fixer ce que le Cultivateur peut & doit en donner de ferme;

OU

LA meilleure maniere de faire avec précision les calculs d'évaluation indispensables à tout Fermier qui passe le bail d'un fonds de terre qu'il entreprend d'exploiter, ou tout homme qui veut l'acheter, dans les différens genres de culture.

Par M. CARPENTIER, connu par ses Ecrits analogues à l'Art de l'Expert Féodiste.

Prix.... 1 liv. 4 sols.

A AMSTERDAM.

Et se trouve à PARIS,

Chez EDME, Libraire, rue S. Jean-de-Beauvais.

M. DCC. LXXIV.

ÉBAUCHE

DES principes du revenu net des Biens-fonds au Propriétaire, Fermier, à tout Acquéreur même.

Evertit & æquat, servat & effundit.

LA terre a été donnée à l'homme pour la cultiver, & elle étoit libre. Ses charges & ses rentes ne sont que le fruit de l'imagination qui flatte l'orgueil & la paresse.

Tel est le fruit, ou plutôt l'abus des priviléges immenses qui rendent les Sujets la victime les uns des autres. L'expérience prouve suffisamment que les priviléges déconcertent l'industrie. S'il fut jamais permis de faire des vœux éternels pour la liberté, ce ne pourroit être que pour les principales ressources de l'homme dans les Pays où chacun, suivant son génie, peut s'attacher à exercer sans gêne l'état pour lequel il se sent plus de goût.

La liberté donne le mouvement à tout ; c'est de-là que le produit des fonds tire son origine. Sans les vicissitudes des temps ou des saisons *, rien ne seroit plus sûr & inépuisable que la terre.

Pour confirmer cette vérité, on voit encore dans les déserts de la France des vestiges d'habitations ; on conserve même plusieurs actes de substitutions, de fondations, avec les bornages des héritages, qui prouvent que les ruines des bâtimens déposent que ces cantons ont été habités, & les sillons que l'on voit encore attestent qu'ils ont été cultivés.

Ce n'est point la qualité du terrein

* Les vimeres, par exemple, qui causent la perte des hommes, des bestiaux, des meubles, des grains, des fruits & des bâtimens, des terres, prés, vignes, bois, moulins, colombiers & étangs.

qui en fut la cause, on convient de sa bonté, mais la décoration & l'embellissement des Villes & des Fauxbourgs.

Qu'en résulte-t-il ? Les Particuliers, à l'envi les uns des autres, se bâtissent des maisons que nos peres prendroient pour des palais, sous le vain prétexte de donner aux Etrangers une idée que les meubles y répondent ; mais, au contraire, la charge de l'entretien & les réparations en augmentent en proportion, enfin tout cela tire des bras & des fonds considérables à l'agriculture & au commerce.

Il est temps de les désabuser. Ce n'est pas pour voir nos maisons que les Etrangers viennent en France, mais pour acheter nos bleds & nous donner des leçons ; peu leur importe la beauté de nos Villes, ou que nous bâtissions des palais ou des cabannes ; l'avantage réel qu'ils trouvent dans l'amélioration des biens de campagne, & sur l'usage que nous en pourrions faire, voilà tout ce qui peut exciter leur admiration & leur curiosité. Leur étude particuliere ne leur excite d'autre envie que de nous les faire relâcher à bon compte pour nous les revendre bien chers à la premiere disette.

Quoique ce qui regarde la Police sur les grains ne soit point mon objet , je pense que l'importance de la matière m'autorise à exposer quelques principes sur cet objet.

1°. La liberté de la vente & du transport dans l'intérieur , sans aucune restriction , établit la concurrence des Vendeurs & des Acheteurs.

2°. La liberté entiere du magasinage & de la garde des grains assure l'abondance de l'approvisionnement nationnal , & apporte plus d'argent dans les marchés où les grains sont surabondans ; c'est-à-dire , qu'elles facilitent sans crainte ni murmure la subsistance du Peuple , en même temps qu'elle encourage la culture.

3°. La liberté de l'exportation des

grains accroît la confiance & les motifs du magasinage des grains.

Cette liberté donne à chaque chose son véritable prix. La connoissance des forces de l'Etat en dépend pour répartir avec équité les impôts dans l'ordre de proportion.

Ces impôts sont des droits de régale ou de souveraineté ; le Clergé même doit s'y soumettre, comme les autres Corps de l'Etat.

En effet, 1°. le Clergé ne doit pas présenter tous les biens qu'il possede comme des offrandes que les Fideles aient faites à Dieu ; car on ne doit pas mettre sur cette ligne les biens que les Gens d'Eglise ont acquis à prix d'argent, ceux qu'ils ont retirés par la voye du retrait seigneurial, l'avantage qu'il a fallu leur faire pour parvenir à des échanges avec eux, les maisons qu'ils élevent tous les jours, les bâtimens qu'on a faits sur des fonds qu'ils ont concédés à vie.

Tout eſt commerce dans ces actes ; & la Religion * n'y entre pour rien.

2°. Lorſqu'un Fidele conſacre un fonds à l'Egliſe, il n'entend pas donner & ne peut donner en effet que ce qui lui revient de net dans le revenu, & non la portion affectée aux charges de l'Etat, parce que cette portion n'eſt pas à lui, qu'il n'en a que l'adminiſtration, & qu'elle appartient à l'Etat.

C'eſt ſur ce principe que, ſi le bien donné à l'Egliſe eſt noble, elle doit l'hommage, homme vivant & mourant, & le rachat lorſqu'il meurt.

S'il eſt roturier, elle doit les lods & ventes, le cens annuel, & le droit d'indemnité.

Si le fonds eſt chargé d'une rente fonciere, l'Egliſe eſt tenue de la ſervir & d'en renouveller le titre.

Ces droits ne ſont fondés que ſur des

* L'orgueil & la pareſſe ont quelque choſe de bien reſpectable dans les gens qui ne manquent de rien.

conventions. Ceux de la Souveraineté, dont la cause a mille fois plus de force, & qui sont indépendans de toutes conventions qui se peuvent faire entre les Sujets, sont avoués par le Clergé lui-même, qui possede la majeure partie des grands Fiefs du Royaume pour les droits de vassalité. Il reconnoît donc, en matiere de Fief, la souveraineté du Roi, & il ne la divise à son gré qu'en matiere d'impositions, quoique ses biens restent tributaires par rapport au Cultivateur, excepté que pour une chaussée, une nef d'Eglise, un Presbytere, &c. L'Intendant seul de la Généralité, de sa propre autorité, impose des bénéficiers au marc la livre, selon la quantité d'arpens qu'ils ont sur la Paroisse, & qu'il en exige le payement par contrainte, sans le concours du Clergé.

On peut cependant supputer par des proportions arithmétiques, en combien de siecles on parviendroit à dédommager les autres Sujets des droits, charges &

tributs que le Clergé doit à raiſon de ſa propriété, poſſeſſion & jouiſſance.

Les Seigneurs ſeroient plus pleinement dédommagés par les mutations dont le cours moins gêné les rendroit plus fréquentes, ſi le rachat des rentes & redevances foncières de toute nature, (ſauf aux Seigneurs la juſte réſerve du cens inamortiſſable & impreſcriptible, portant lods & ventes, &c. dixmes & du Domaine du Roi) s'exécutoit également tant ſur les biens de campagne, que ſur les maiſons des Villes, & s'il étoit fixé pareillement en argent au denier vingt.

Enfin, ſi pour celles qui ſont dues en grains, vin, ou toute autre nature de fruits, on en faiſoit une liquidation générale en formant ſur les vingt années précédentes, une année commune.

En libérant ces fonds, on les feroit rentrer dans le commerce dont ils ſont, pour ainſi dire, ſortis; car perſonne ne veut d'un fonds grévé d'une rente inamortiſſable, & en même temps qu'il eſt à charge au Propriétaire, il eſt préjudiciable d'autant à l'Etat.

Ces redevances, ſoit en argent, ſoit en grains, ne ſont pas moins dûes, que le fonds rapporte ou ne rapporte pas; d'autres abſorbent ſouvent la principale partie de la récolte, ſans paſſer ſous ſilence le nombre de Procès qu'elles occaſionnent, ſoit pour en fixer la nature, ſoit pour en connoître & déterminer le terrein qui les doit, ſoit pour régler ſi elles ſont requérables ou rendables, ſoit enfin pour en faire la liquidation.

L'uſage même veut qu'on faſſe payer les rentes en grains rendables, ſur le pied du plus haut prix de l'année, faute de les avoir acquittées au terme. L'uſurpateur & le Poſſeſſeur de mauvaiſe foi n'eſt pas ſi cruellement condamné; il en eſt quitte, ſuivant l'Ordonnance, en rendant la derniere année en nature, & payant les précédentes ſuivant la commune eſtimation.

Les rentes aſſignées ſur une continence de terrein qui , originairement , a été concédé à un Particulier , & qui , dans la ſuite , s'eſt diviſé & ſubdiviſé , ſoit par des partages , ſoit par des aliénations, ruinent ordinairement & le Propriétaire Bailleur de fonds , & les Détempteurs. Le Créancier s'adreſſe à l'un de ces Détempteurs pour tout le devoir ; & les recours qui s'exercent ſucceſſivement, occaſionnent communément des frais qui doublent preſque tous les ans la redevance.

Dans les partages , dans les aliénations , &c. on n'a ſouvent point d'égards à ces charges. Deux Métairies voiſines , d'égale bonté , qui ſe labourent , l'une & l'autre à deux charrues , dont l'une ne doit rien , & l'autre doit conſidérablement , ſont néanmoins ſuſceptibles d'une très-grande différence pour les deux Laboureurs ; il faut de toute néceſſité que l'une ſe ſoutienne , & que l'autre ſoit ruinée. Les impôts qu'elle portoit retombent ſur les autres Laboureurs.

Lorsque dans l'origine de ces redevances, on s'y est soumis, il s'est fait, avec le Vendeur & l'Acquéreur, une supputation de ce que l'un devoit retirer de son fonds, & de ce que l'autre devoit avoir pour sa culture. De part & d'autre on n'a pas prévu, comme on ne le pouvoit, que les charges de l'Etat augmenteroient, & que le revenu des fonds ne suffiroit plus, ou qu'à peine, pour payer les anciennes redevances, acquitter les impositions, & faire subsister le Cultivateur.

Si la raison d'Etat a obligé d'imposer cette surcharge sur les fonds, elle ne permet pas de négliger le secours qui est dû au Propriétaire pour l'empêcher d'en abandonner la culture. La seule maniere de secourir ce Propriétaire, seroit donc de rendre rachetable toutes les rentes foncieres, de quelque nature qu'elles soient, & à quelque titre qu'elles soient dûes, sans aucune exception, réserve ni distinction, & d'établir que cette faculté sera imprescriptible.

On remettroit par là les choſes dans l'ordre naturel. Dans ce point de vue, on doit ſentir, quelle paix il régneroit entre les familles, les voiſins, les communautés, entre les Seigneurs, leurs Vaſſaux & Cenſitaires ; enfin combien il eſt important d'être pénétré de cette vérité pour s'accorder ſur l'état & la valeur des biens entre les Tuteurs & leurs Pupilles, pour faciliter réellement la reddition des comptes, (entr'autres biens) du revenu net de leurs fonds, dans le cas des partages, ſubſtitutions, acquiſitions, ventes, baux, &c.

En effet, le produit des fonds doit ſe régler & comparer à la circulation des eſpeces : c'eſt le ſeul moyen de le déterminer.

L'argent & les fonds ont chacun leur produit, & ſont également ſoumis à des cas imprévus.

Le commerce anime les eſpeces. On peut y gagner beaucoup plus que l'intérêt de ſon argent, mais on hazarde d'y perdre le tout.

Dans les fonds, au contraire, l'on voit, à peu de chose près, leur produit ; & si des accidens passagers les endommagent quelquefois, au moins le capital reste toujours ; il est la source de la vie, par conséquent plus précieux, quoique moins lucratif que l'argent : ainsi l'a-t-on toujours jugé de tous les temps.

Il est des produits qui sont, pour ainsi dire, des prix ou marchés faits, tels que les maisons dans les Villes, & tels qu'on les remarquera dans la suite. Mais, sans doute, le produit des fonds doit décider de leur valeur, au lieu que c'est le capital de l'argent & des especes, qui décide des intérêts. Dans ce siecle, cet intérêt est fixé sur le taux du denier vingt, au lieu que les fonds, charges déduites, ne produisent ordinairement l'intérêt du prix des acquisitions, qu'à raison du denier 30, c'est-à-dire, le tiers moins que le revenu des capitaux placés en rente constituée : il faut donc autant qu'il est possible, proportionner l'intérêt de l'argent au produit des fonds ayant cours, selon les motifs des Déclarations du Roi des mois de Juin 1724 & 1725, sans se permettre de juger du produit futur par le produit passé.

En un mot, pour parvenir à l'étude des principes, & les pouvoir acquérir pour les indiquer avec la précision requise,

Il faut, 1°. calculer combien l'arpent produit de gerbes ordinairement chaque année, en distinguant les terreins bons, médiocres & mauvais, & combien une ou dix gerbes rendent en bled année commune.

2°. Fixer en conséquence la qualité du bled que chaque arpent peut produire, & le prix annuel, eu égard à la situation des lieux & au commerce *.

* On voit peu d'arbres ombrager les bons fonds dans le Beauvaisis & le pays Chartrain : on en peut planter sur les terres médiocres, en consultant toutefois les arbres propres à la qualité du sol.

3°. Vérifier ſi les terres en labour ont des pommiers, poiriers, noyers ou mûriers, &c. en conſtater le revenu, & enſuite en diſtraire les frais de culture, de ſemences, & les charges du Fermier.

Et ſi les terres en labour ſont à la portée des grandes Villes, attendu que la paille, la baſſe-cour forment deux objets de produit & revenu qui ſont à conſidérer dans certaines Provinces.

Enfin, il ne faut jamais s'écarter du prix courant; il faut bien diſtinguer le prix de l'arpent de terre, de tant de produit à l'arpent, & ainſi des prés & des bois reglés par coupes annuelles, &c.

Quant aux droits, on les apprécie, toutes charges déduites.

EXPOSITION des principes généraux étudiés pour servir à l'appui du premier résultat instructif, & suivi de trois distractions, terminées par le dernier résultat instructif.

PRINCIPES sûrs pour faire, avec précision, les Calculs d'évaluation ; *ou* la Manière d'estimer exactement le Revenu net des biens-fonds, nécessaires aux Propriétaires, Vendeurs, Acquéreurs, Fermiers ou Locataires, dans les différens genres de Cultures.

OBJETS.	NATURE DES BIENS-FONDS.	Classes.	NOMBRE DES ARPENS.	*Produit à l'arpent, calculé fort au-dessous du réel :* NOMBRE des Gerbes, dont 10 pour une Mine.	NOMBRE des Mines de Grains, dont 18 Mines par Arpent.	DISTINCTION du Prix en argent par Arpent.	REVENUS par Années de Ferme des Arpens. liv.	s.	CAPITAL *Aux Deniers,* 40.	30.	25.
1er...	*TERRES*......	1re.	.30.....	.. 200..	.540	12 liv. .	360.				
		2..	.20.....	.. 175..	..515 à 360..	9 ...	180.				
		3..	.20.....	.. 150..	..490 à 180..	6 ...	120.				
		4..	.20.....	.. 125..	..465.......	4 10 s.	90.				
		5..	.20.....	.. 100..	..440.......	3 ...	60.				
2...	*FRICHES*...	...	.30.....	....	....	1 ...	30.				
3...	*Basse-Cour, Colombier, Pâturage général.*	REVENU certain de meilleur rapport que les Prés sans frais, ni perte....................				....	160				
4...	*Prés*.........		.... 10 ...	Ou à 10 liv. le Char de Foin de 10 Quintaux, 5 .... de Regain.. Et 25 .... de Pâturage. *Les Arbres à part.*		20 ...	200.				
5...	*Bois Taillis de* 10 *ans*.	....	....	....	....	50 ...	500.				
	20....		.... 10 ...	....	....	150 ...	1500.				
	Et 30....	....	....	....	....	250 ...	2500.				
	Haute Futaye. Les 30 Balivaux laissés.....	60 40 7 Cordes	10 L'Arpent.	Où se trouve communément des Arbres de 40 à 50 pistoles pièces, Fagots, Charbons, Prétillages, &c.		450 ...	4500.				
6...	*Vignes*........		.... 10 ...	A quatre Muids à 15 p^{o}... ou 6 liv. *Les Arbres Fruitiers estimés à part..*		20 ...	200.				
7...	*Moulins à* Vent, Eau,		....	Il y a constamment plus de 100,000 Meules tournantes & autant de Clochers.		....	447 895	10 10			
8...	*Maisons de* Ville..	....	50 toises	....	....	....	100.				
	Campagne..	....		....	....	....	50.				
9...	*Jardin de*.....		........80...	...*Arbres Fruitiers estimés à part...*		....	60.				
10...	*Etang pêché de 2 en 2 ans*.......		.... 10 ...	REVENU certain, sans frais & exempt de pertes. 500 poissons à 5 sols pièce, tous frais & Droits acquittés, au pannier, baril ou millier.		125 ...	1250.				

PREMIER RÉSULTAT instructif pour tout Acquéreur & Fermier, &c. de Biens-fonds.

Quiconque fait valoir les dixmes peut juger encore plus sainement du produit en dix années, en tenant un registre exact de chaque canton, afin d'établir le montant de chaque récolte, les frais du Fermier, & le produit de sa basse-cour; fixer enfin ce qu'il doit payer, ou bien en former un état de comparaison pendant trois années, à l'aide d'un Garde intelligent, pour parvenir à faire faire l'appréciation de chaque piece de terre dans un Domaine que l'on veut réaffermer. Chaque piece particulierement estimée, fait juger de la valeur de la totalité.

Comme la plus grande partie des terres s'afferment en argent, il est essentiel d'en connoître parfaitement la valeur, afin d'en retirer un prix raisonnable. Cette connoissance dépend du local, c'eſt-à-dire du prix commun des grains dans le lieu où le Domaine eſt ſitué, de la facilité du débit, de la proportion, ou du plus ou du moins d'égalité dans les récoltes.

Il eſt donc facile d'apprécier la valeur d'un Domaine où les récoltes ſont, pour ainſi dire, certaines, parce qu'on ſait le prix commun des grains, & qu'on ſe regle ſur cela pour la location, examen fait des dépenſes & débourſés d'avance, l'argent à la main, ſans crédit, des frais d'exploitation & culture de la conſommation annuelle du Fermier; obſervant qu'à l'égard des terres qui ne produiſent que cent gerbes l'arpent, année commune, elles ſe doivent affermer au plus moindre prix, & les bonnes au contraire au plus haut, les frais étant égaux & non le produit.

En effet, la différence d'un bon fonds à un mauvais, eſt de trois à un, c'eſt-à-dire de deux tiers moins, quand le produit de la récolte feroit à-peu-près le même, parce que les frais ſont plus conſidérables pour un mauvais fonds, & que tout double, fumier, ſemences, &c.

Le plus ou le moins d'égalité des récoltes dans certains pays, entr'autres le Vexin François & l'Iſle de France, eſt au point qu'en dix ans la différence de la moindre récolte n'eſt pas d'un tiers, excepté la diſproportion de la récolte de Mars, qui eſt plus de moitié d'année à l'autre.

Ainſi les bonnes terres font la fortune des Fermiers. Il ne faut donc pas les affermer par petites parcelles.

Les prés ou prairies ſont communément en réſerve juſqu'à la fin de Juin, & quelquefois plus tard, pour être coupés dans leur maturité, & convertis en foin ou regain, qui ſe vendent ordinairement par fauchées, meules, piles, charriots, chaînées, ou milliers peſans.

Les pâtures ſe louent toute l'année, ou ſe conſomment, pour y faire engraiſſer les beſtiaux, ſans y faire d'autres dépouilles que leſdits pâturages ; mais on doit les eſtimer au moins le double des prés ou prairies, étant d'un meilleur revenu certain, ſans frais ni perte, pour ainſi dire.

Ces prés, ces pâturages, les arbres fruitiers, les bois plantés dans les haies, dont on élague les branches, diſpenſent un Fermier d'acheter du bois; le fourrage & les fruits ſervent de dédommagement dans les années médiocres.

Quant aux maiſons, on obſerve qu'il faut toujours avoir égard à l'état des bâtimens ; & ſi l'uſage ne permettoit pas, ainſi que l'emplacement, d'opérer par les loyers, il faudroit eſtimer le ſol, & priſer les matériaux aux taux courans, & en diſtraire les impoſitions royales ordinaires, les redevances ſeigneuriales & foncieres, les charges publiques de Ville & de Police, telles que les boues & lanternes augmentées ou non par les loyers, le logement des Soldats, le pain béni, & les charges de l'Eglise, les aumônes & taxes des Pauvres.

Enfin, il faut encore avoir égard aux accidens auxquels les biens-fonds sont exposés, soit par la chûte des eaux, soit par des chemins, soit autrement, &c. *& vice versâ;* de même qu'il faut pareillement avoir égard à la nature, à l'assemblage des terres, & à la fécondité de l'argent procédant de la consommation des denrées, de la commodité des chemins, & de la certitude des récoltes.

PREMIÈRE DISTRACTION.

Des Dépenses & Déboursés d'avances, l'argent à la main, la chose ne souffrant continuellement aucun crédit, pour une Ferme de 500 Arpens à monter :

SÇAVOIR ;

	Livres.	
Pour quatorze Chevaux au moins	4500	16300
Six-cens Moutons	5000	
Vingt Vaches	1800	
Ustensiles & instruments de ménage.	3000	
Maréchal, Bourrelier, Cordier, &c.	2000	

Détail des frais d'Exploitation & Culture faits avant la première Récolte, qui n'arrive que dix-huit mois après le premier labour, sans certitude de bonnes années.

BLED FROMENT.

	Liv.	
Pour quatre Labours donnés à cent trente-trois arpens destinés à semer en Bled ; chaque Labour à 5 livres l'arpent, cy.	2660	7860
Pour fumer, à 15 livres, cy.	2000	
Pour cent vingt septiers de Bled à semer, cy. . .	1800	
Pour sarcler, cy.	200	
Pour frais de Récolte, transport & entrée dans la grange, cy	1200	

MENUS GRAINS.

Pour labourer deux fois cent trente-trois Arpens destinés aux Avoines, &c. cy.	1330	3130
Pour la semence, cy	800	
Pour sarcler	300	
Pour frais de Récolte, &c. cy.	700	

TOTAL GÉNÉRAL. 27290

Il faut donc au moins 27000 livres comptans pour n'être pas à court, & pour y suffire.

SECONDE DISTRACTION.

Des frais annuels d'Exploitation & Culture, pour une Ferme de 300 Arpens :

BLED FROMENT :

	Livres.	Livres.
Pour ensemencer un arpent, au moins, deux mines & demi de Bled chotté & renflé, remplit... Trois mines à 4 liv. l'arpent : il en coutera pour cent arpens.	1200	1950
Ensemençage & Hersage *gratis*, remplacés par les façons, sciage & voitures en granges, à.... 6 liv. l'arpent, pour cent arpens	600	
Arrachage d'herbes & sarclage à 1 livre 10 sols l'arpent, pour cent arpens, ...	150	

MENUS GRAINS.

Avoine, Orge &c. Le tiers du Froment.	400	650
Frais de semailles bornés au roulage, à 10 sols l'arpent	50	
Frais de récolte, le tiers de ceux du bled . . .	200	
TOTAL. . :	. . . . .	2600

PRODUIT.

	Livres.	
Les bonnes terres produisent cinq fois la semence, pour les cent arpens à ladite raison de 3 à 4 livres l'arpent, revenant à . . . . 1500 mines, cy	6000	8000
La récolte des Avoines, Orges, &c. étant le tiers du Froment, ...	2000	
La Récolte totale sera donc de	8000	
Otant de frais.	2600	
Reste.	5400	4200
Sur quoi convient déduire si l'on avoit donné plus de quatre façons	1200	
Reste encore.	4200	
DÈDUIT GÉNÉRAL.		3800

Plus, les frais d'entretiens à la charge du

Cultivateur ou Fermier, & autres charges de cette nature, profits & reprises.

Plus, les impositions royales ordinaires & extraordinaires, les charges d'Eglise, les redevances en denrées, qui sont celles qui coûtent le moins à la plupart des Fermiers attachés à l'argent, parce qu'ils en ont le moins, & sont dans le cas d'en dépenser tous les jours; & les redevances seigneuriales, taxes & cottes quelconques à sa charge.

Et plus enfin, le prix du fermage, revenu net que peut & doit donner au Propriétaire, tout homme qui passe bail d'un fonds de terre qu'il entreprend d'exploiter, ou tout homme qui veut l'acheter. Mais attendu le cours des vicissitudes, on ne peut ici se permettre que la distinction en trois classes:

1°. Des bonnes terres au den. 40.	des capitaux de la valeur intrinseque.
2°. Des médiocres au den. 30.	
3°. Et des mauvaises au den. 25.	

L'excédent du tiers franc au Propriétaire, seroit un bénéfice plus net, dont il profiteroit dans les bonnes & mauvaises années, que celui du Cultivateur Fermier, sur l'excédent de ses deux tiers.

TROISIÈME & dernière DISTRACTION.

De la consommation annuelle du Fermier, pouvant servir d'exemple, pour ce qu'il est dans le cas de vendre :

Bonne Récolte de 600 septiers froment, cy	600 Septiers.	
La consommation d'un quart, cy	150	
Il s'en suit que dans les bonnes années il en peut vendre les trois quarts restans, cy	450 Sept. à 10 Liv.	4500
Mauvaise récolte de 400 septiers au lieu de 600, cy. 400		
La consommation d'un quart & demi restant, cy 150		
Il s'ensuit que dans les mauvaises années, il en peut vendre les deux quarts & demi, cy	250 Sept. à 25 Liv.	6250
Partant, les mauvaises années l'enrichissent, puisqu'il profite d'autant qu'il a gardé de bonnes années qui reviennent à raison de 10 & 25 livres le septier en total, à	700 Sept.	10750

SECOND ET DERNIER RÉSULTAT *instructif pour tout Acquéreur & Fermier, &c. de Biens-fonds.*

Acquisition ou Vente.

Avant que d'acquérir un bien quelconque, l'examen des titres existans & la vérification sur les anciens, sont trop indispensables pour que cette opération, ainsi que la visite des lieux, ne précedent pas toutes celles ci-devant ébauchées.

Un Vendeur de mauvaise foi prépare quelquefois sa vente plusieurs années auparavant, & augmente fictivement son produit, & rend sous main à son Fermier une somme convenue, & l'en dédommage d'ailleurs.

Le véritable moyen pour bien connoître tous biens-fonds, entr'autres une terre, seroit d'avoir les éclaircissemens, en tout ou partie, pris par le Régisseur en entrant dans la régie de l'administration qu'on lui en a confiée.

Location ou Ferme.

Enfin, avant de paſſer un bail à un Fermier ou Locataire, de quelques biens ou revenus, on peut faire avec lui la ventillation ou priſée, par écrit double ſous ſeing manuel privé, dans lequel il ſeroit expliqué le prix en argent qu'il mettroit à chaque piece de terre & à chaque eſpece de revenu. Cet écrit, en forme d'état, régleroit le Propriétaire dans les cas d'indemnité, obſervant néanmoins que l'indemnité doit toujours être plus forte que l'évaluation donnée par le préjudice du Fermier.

Denier à Dieu.

L'on ne penſe pas devoir mieux terminer ce germe de bien public, qu'en faveur des Pauvres honteux & vraiment malheureux, en réclamant auprès de tout Vendeur ou Propriétaire, le juſte droit de toute ancienneté, d'accepter de l'Acquéreur, Fermier ou Locataire, le Denier à Dieu d'usage, pour preuve de l'engagement qu'ils contractent entr'eux verbalement, & prescriptible, de part & d'autre, au bout de vingt quatre heures, ainsi que la convention: véritable moyen peut-être d'animer de plus en plus la bonne foi.

ADDITION.

On trouve toujours une secrete satisfaction à s'occuper soi-même, quand on ne l'est pas d'ailleurs : le but de cet Ouvrage n'est qu'un effet du zéle patriotique de l'Auteur ; mais comme l'esprit humain n'est pas infaillible, les Lecteurs indulgens qui voudront bien adresser au Libraire des Remarques tirées de leur propre expérience, pour parvenir à la perfection de cet Ecrit, peuvent se flatter qu'on en fera l'usage qu'elles mériteront.

www.ingramcontent.com/pod-product-compliance
Ingram Content Group UK Ltd.
Pitfield, Milton Keynes, MK11 3LW, UK
UKHW021931190726
13853UKWH00002B/984

9 782329 558622